Адольф Сапожников

Жизнь зданий в земной стихии

Адольф Сапожников

# Жизнь зданий в земной стихии

**LAP LAMBERT Academic Publishing**

**Impressum / Выходные данные**

Bibliografische Information der Deutschen Nationalbibliothek: Die Deutsche Nationalbibliothek verzeichnet diese Publikation in der Deutschen Nationalbibliografie; detaillierte bibliografische Daten sind im Internet über http://dnb.d-nb.de abrufbar.

Библиографическая информация, изданная Немецкой Национальной Библиотекой. Немецкая Национальная Библиотека включает данную публикацию в Немецкий Книжный Каталог; с подробными библиографическими данными можно ознакомиться в Интернете по адресу http://dnb.d-nb.de.

Coverbild / Изображение на обложке предоставлено: www.ingimage.com

Verlag / Издатель:
LAP LAMBERT Academic Publishing
ist ein Imprint der / является торговой маркой
OmniScriptum GmbH & Co. KG
Heinrich-Böcking-Str. 6-8, 66121 Saarbrücken, Deutschland / Германия
Email / электронная почта: info@lap-publishing.com

Herstellung: siehe letzte Seite /
Напечатано: см. последнюю страницу
**ISBN: 978-3-659-56365-2**

# Предисловие

## Просыпайтесь, Вас ждут великие дела!

Строитель зданий и сооружений – важнейшая строительная специальность, инженер-строитель своими действиями обеспечивает их прочность, надежность и долговечность. Ведь никому не придет в голову в сарае со щелями в стенах и крыше, с перекошенной дверью устанавливать первоклассное сантехническое (ванное, кухонное и другое) оборудование. А вот дворцы строились и до появления всех этих «украшений» быта.

Находиться даже в бочке Диогена лучше, чем на улице под дождем или снегом. Пещера – это уже большая бочка, дом для родовой семьи. Шалаш – тоже крыша над головой. Но каменный дом – это уже крепость, и первые дома были неотрывной частью крепостных стен.

Перейти от шалаша к каменному дому – подвиг, так как дом – тяжелое «устройство», оно своим весом сжимает удерживающий его грунт, что вызывает его осадку, которая, если окажется неравномерной по длине здания, способна расколоть его на части.

# Введение

Рано или поздно необходимо начать освоение избранной специальности, но естественно, это лучше всего делать с самого начала, с первых шагов, прямо сейчас.

Ведь студенту предстоит, даже в рамках небольшого и лишь ознакомительного курса "Введение в специальность" проделать большую работу: освоить материал лекций, подобрать тему для сквозного курсового и дипломного проектирования и в его рамках выполнить небольшие исследования и графические работы. Не менее важно определить свое отношение к социально-гуманитарному и общенаучному циклам дисциплин, которым в ближайшие два года предстоит уделить основное внимание. Хочу пояснить: на старших курсах с энтузиазмом и успешно могут обучаться лишь те студенты, кто с пониманием освоил дисциплины этих циклов.

Важно понять, что в ВУЗе за один год приходится освоить больше информации, чем за весь период школьного обучения. В первом приближении в этом можно убедиться по суммарной толщине учебников, полученных Вами в библиотеке. Переход от щадящего режима неторопливой учебы с каникулами после каждой четверти к буре и натиску в бурной вузовской борьбе за знания под силу людям, которые научились любить знания, себя в этих знаниях или, по крайней мере, будут стараться их полюбить сейчас, в процессе учебы. Видимо есть в знаниях волшебная притягательная сила, раз за них люди шли на костры инквизиции. Знания – это правда, это истина.

Придя в ВУЗ, нелепо отворачиваться ради глупой ребячьей дурашливости и шаловливости от постижения тайн вселенной, человеческого бытия, великой науки, создавшей основы нашей специальности. Ведь только здесь можно освоить науку и человеческую практику, чтобы не быть затем простой ключницей, которая на полках домашнего шкафа будет сохранять человеческую мудрость, заключенную в книгах и справочниках, не умаленной, не внося в нее ничего от себя.

Но как полюбить знания, как научиться на лету схватывать материал лекций, тут же развивая его дальше и глубже. Надо просто начинать это делать, исходя из той простой и понятной истины, что делать это с первой же лекции проще, чем с накопленным малопонятным материалом за неделю, месяц, год. Для этого необходимо постоянно будить свое воображение, учиться отличать запоминание от понимания.

Советуйтесь по трудным, непонятным вопросам с авторами книг, другими вашими преподавателями, поднимая пелену неясности и все глубже входя в курс изучаемых проблем. Задавайте как можно более вопросов преподавателям на занятиях. Этим вы управляете качеством лекций, поскольку лучше понимаете изучаемый материал, мобилизуйте задавать вопросы нерешительных студентов, даете преподавателю понимание вашей готовности к обучению и подсказываете, что он изложил нечетко или не полностью. Вы создаете лекцию под себя, под то, что вы любите в учебе. И тогда, и только тогда вы начинаете любить учебу.

*Профессор А.И. Сапожников*

# Глава 1
# ФУНДАМЕНТЫ

### §1. Что удерживает здание от провала?

Лапка утки, нога человека, в своей нижней части более широкие и длинные, что позволяет передвигаться по мягкому и даже топкому грунту, не проваливаясь в него, подсказывали человеку необходимость «подкладывать» под тяжелое здание более широкую и прочную конструкцию. Ее назвали фундаментом (от лат. *fundamentum* - основание), способным распределить нагрузку от веса здания на большую площадь грунта. Фундамент столь важная часть здания, что от его названия произошло слово «фундаментальный», означающее что-то значительное.

*Фундамент* – подземная часть здания, через которую нагрузка от здания передается основанию.

### §2. Фундамент в виде сплошной плиты

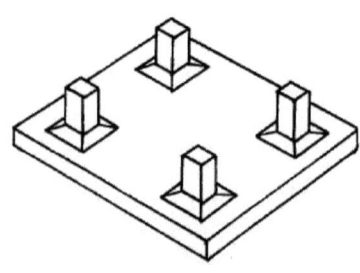

**Рисунок 1 – Сплошная плита**

Здание своим весом менее всего будет нагружать грунт основания, если фундамент устроить в виде сплошной плиты, равной площади здания или превышающей ее (рис. 1.). Такой фундамент особенно эффективен, если дом строится на слабых грунтах с провалами. Плита может удерживать стены здания, колонны или их в комбинации.

## §3. Ленточный фундамент

На прочных грунтах нет необходимости тратить материал для изготовления сплошной плиты.

Можно ограничиться фундаментом под стены; такой фундамент называется <u>ленточным</u> (рис .2).

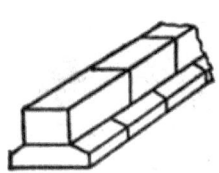

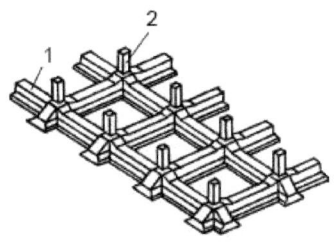

**Рисунок 2 - Ленточный фундамент**

**Рисунок 3 - Перекрестный набор**
1 – ленточный фундамент под колонны;
2 – железобетонная колонна

Ленточный фундамент под продольные и поперечные стены здания состоит из пересекающихся элементов и потому называется <u>перекрестным</u> <u>фундаментом</u>, перекрестным набором (рис. 3).

## §4. Столбчатые и свайные фундаменты

На грунтах высокой прочности используется <u>столбчатый</u> <u>фундамент</u> (рис.4), имеющий еще меньшую площадь контакта с грунтом. Его можно использовать и на непрочных грунтах, но тогда следует принимать более широкую опору фундамента (рис. 5). Столбчатая конструкция, погруженная на значительную глубину, называется <u>сваей</u>.

Выбор типа фундамента для зданий различной конструкции определяется их весом, давлением ветра, силой землетрясения, характером пластов грунта, залегающего под зданием, их прочностью, сжимаемостью и способностью сохранять свою прочность и жесткость при замачивании и от сотрясаемости земли от землетрясений, забивки свай, взрывов, вибрации различного происхождения.

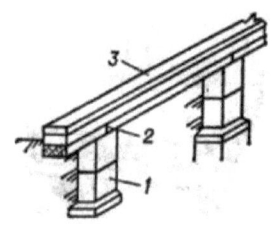

**Рисунок 4 – Столбчатый фундамент**
1 - столб из блоков;
2 - фундаментная балка;
3 - кладка стены

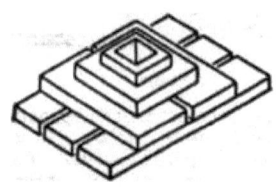

**Рисунок 5 – Сборный фундамент под колонну**

Важно учесть изменение прочности самих фундаментов в процессе эксплуатации удерживаемых ими зданий, особенно попавших в агрессивную среду, вызывающую ускоренное разрушение материала, из которого выполнен фундамент.

Выбор фундамента – сложная и ответственная инженерная задача, тесно сопряженная с рядом дисциплин: геологией, механикой грунтов, химией, наукой, изучающей грунтовые воды. Прежде, чем приступить к подбору и проектированию фундамента, проводятся всестороннее изучение основания, носящее название <u>изыскательские работы.</u>

# Глава 2
# ГЕОЛОГИЯ

## §1. Геология

*Мы вышли, и покоя нам уже не будет...*

Предпочтение тому или иному фундаменту – не дело вкуса или угадывания, как в цирке. В его основе лежит точный расчет, построенный на знании характеристик прочности и деформативности грунта. При этом следует учесть, что свойства грунта изменяются с глубиной, так как на глубине, например, песок может смениться глиной, глина – илами, затем снова появится песок и т.д. Наука, изучающая последовательность напластования горных пород, продуктов их разрушения (выветривания), носит название геологии. Оно произошло от слова *гео* – земля, *logos*- учение – комплекс наук о вещественном составе, строении (стратиграфии – от лат. *stratum* – слой и греч. *grapho* – описываю) и истории развития Земли.

## §2. Геологический разрез

В инженерно-строительной практике используются геологические сведения, обычно представленные в виде <u>геологического разреза</u>, показывающего характер залегания грунта и свойства его слоев: тип грунта, его характеристики – сцепление, угол естественного откоса и т.д. Говоря о грунте основания, применительно к геологическому разрезу, следует разделить его (рассматривая сверху вниз) на почву, грунт и коренную породу. Почва включает растительный слой, состоящий из органических веществ, грунт – это продукт выветривания коренной (горной породы). Качественную оценку соотношения между перечисленными видами грунта дает геологический разрез (рис.6).

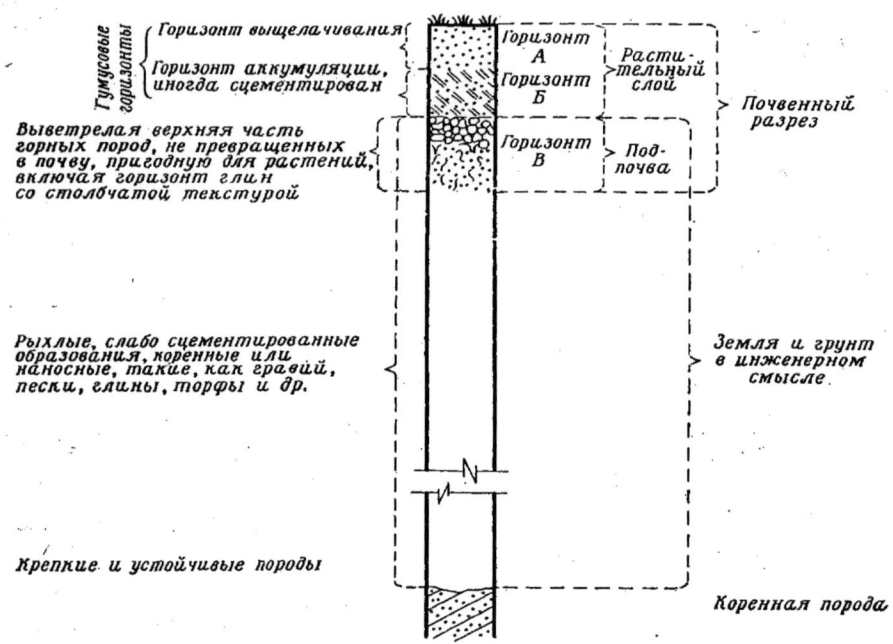

**Рисунок 6 - Соотношение между почвой, грунтом и коренной породой**

Имеются основания и грунты с особенным поведением при действии на них нагрузки от зданий, позволяющим относить их к специальной категории. Это следующие основания:

– заторфованные, имеющие большие слои сильно сжимаемого торфа;

– илистые основания, чаще всего формирующие дно рек и морей;

– просадочные, макропористые (в разрезе наподобие голландского сыра с дырочками) грунты, при замачивании получающие заметную просадку;

– пучинистые грунты, способные изменять свой объем при замерзании и оттаивании;

– вечномерзлые;

– оползневые;

– водонасыщенные слабые;

–закарстованные, например, с примесью солей, при замачивании растворяющихся с образованием провалов грунта;

– плывунные.

## §3. Грунтовые воды, гидрогеология городов

Важным показателем прочности грунта являются сведения об уровне (отметке поверхности) залегания грунтовых вод, черпаемые инженерами из материалов инженерных изысканий. Другие сведения о воде можно получить из данных науки под названием гидрогеология (от греч. *hýdör* – вода, геология).

Гидрогеология – наука, изучающая количество осадков, поверхностные воды и, в первую очередь, подземные воды.

Подземные воды являются объектом изучения учеными изыскателями с целью их возможного использования для питьевых и технических нужд, а также – оценки их влияния на подземные конструкции. Ведь при высокой концентрации в воде сульфатов кальция и магния бетонные конструкции, погруженные в грунт, содержащий такую воду, будут быстро разрушаться. Такая вода хороша в пивоварении, при строительстве же на ней бетонных фундаментов – свайных или массивных требуется применение сульфатостойких цементов, в настоящее время созданных учеными и выпускаемых цементной промышленностью. Следует отметить сложность проблем гидрогеологии и подчеркнуть заслуги изучающих ее ученых (рис. 7). Говоря о вододобыче (подъеме воды), следует рассмотреть диаграмму (рис. 8), где подрисуночные подписи характеризуют смысл материала на чертеже.

Наличие воды в грунте приводит также, благодаря действию выталкивающей архимедовой силы, к снижению веса грунта в воде, что вызывает уменьшение его сплоченности, увеличение подвижности при действии нагрузки, снижение его прочности.

**Рисунок 7 - Рабочий момент доктора Берки, внесшего большой вклад в гидрогеологические исследования по созданию системы водоснабжения городов**

Известен случай, когда в Киеве дома, построенные вблизи реки Днепр, провались «сквозь землю», выдавив из-под себя грунт в сторону реки.

Еще более значительные неприятности грузовая вода вызывает при землетрясении, приводя к разжижению грунта, что сопровождается его выпором из-под зданий, их наклонами, часто значительными, близкими к их опрокидыванию.

Уменьшить или исключить наклон зданий удается путем устройства свайного основания. Однако, для гибких каркасных зданий эта мера недостаточна. Грунтовая вода увеличивает подвижность грунта и период его колебания, что вызывает резонансные колебания этих зданий и их разрушение.

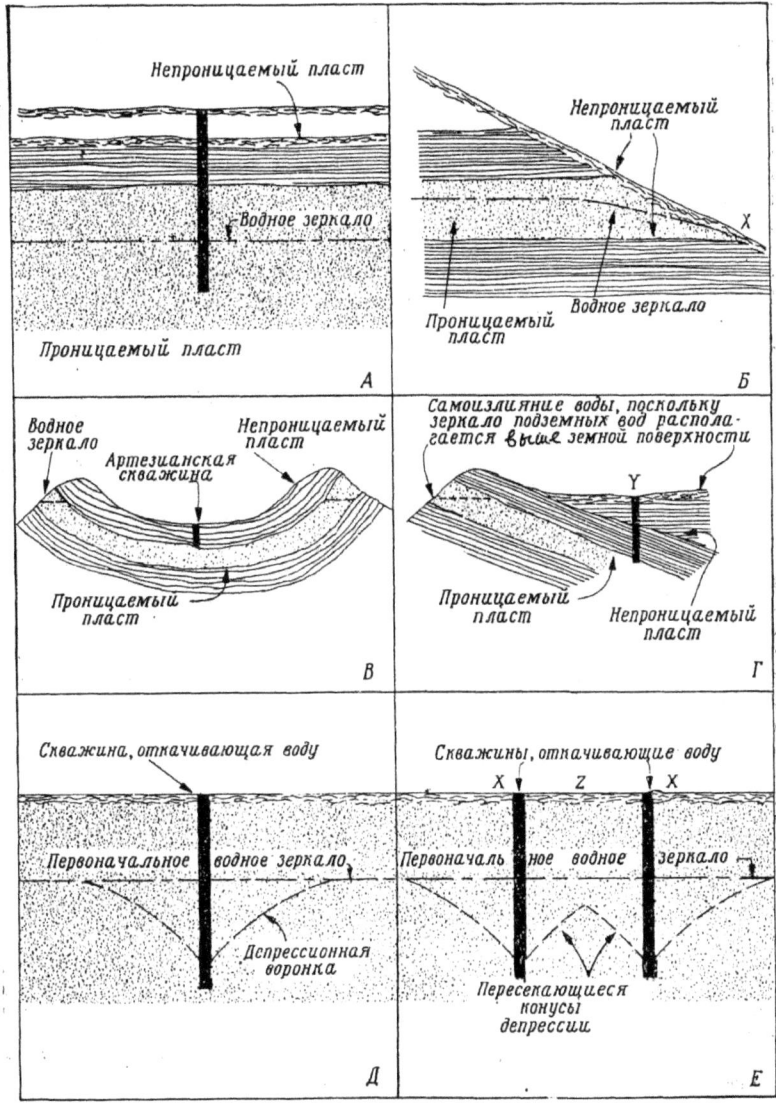

**Рисунок 8 - Влияние гидрогеологических условий на расположение и характер подъема грунтовых вод**

А – подъем воды из колодца, выкопанного в глинах и достигшего водоносного песка;

Б – родниковое излияние воды в точке Х при наклонном залегании грунта;

В, Г – варианты самоизлияния воды из скважин при зеркале подземных вод, находящемся выше земной поверхности в точке водозабора;

Д, Е – откачка воды из скважин через перфорированные в нижней части трубы при подземном водном зеркале (уровне грунтовых вод–УГВ); видны депрессионные воронки, характеризующие падение УГВ скважины при откачке из нее воды.

# §4. Устройство фундаментов

Говоря о фундаментах, следует остановиться на способах их устройства, которые обеспечивают хорошее взаимодействие их с грунтом основания, совместную их работу.

По способу изготовления фундаменты разделяют на:

❖ *сборные*, состоящие из отдельных рядом уложенных плит или блоков, как правило, бетонных или железобетонных;

❖ *монолитные*, изготовленные из товарного бетона, представляющего собой смесь щебня, песка, цемента и воды, тщательно перемешанной в бетономешалке. Прочность такой смеси в <u>зрелом возрасте</u> (28 дней) определяется многими факторами:

- гранулометрический состав (от лат. *granum* – зерно, крупинка) крупного заполнителя-щебня или гравия, песка – содержание в веществе зерен (частиц) различной крупности в % - х от массы или количества частиц, содержащихся в нем;

- условия твердения (бетон «любит» влагу, «боится» отрицательных температур);

- марка цемента (характеристика прочности цементных затвердевших кубиков) и т.д.

При укладке сборных блоков на поверхность грунта в траншее (от франц. *tranchee* – ров, канава) или в котловане отсыпается тонкий, порядка 10 см, слой песка для выравнивания неровностей, оставленных в грунте при его разработке, т.е. для формирования условия контакта между грунтом и фундаментом. Ведь, если на эти неровности установить фундаментные блоки, то вес здания будет передавать на грунт неравномерные нагрузки, что непременно приведет к его дополнительным неравномерным осадкам от смятия этих неровностей, что, как было уже отмечено выше, небезопасно для здания.

При укладке монолитного бетона, способного при его уплотнении с помощью трамбования или <u>вибрации</u> (от лат. *vibro* – колеблю (сь)) заполнить неровности в грунте, отсыпка слоя песка не столь актуальна. Однако, она широко применяется для создания фильтрационного слоя с целью равномерного замачивания грунта при локальных (от лат. *lokalis* - местный) утечках воды.

На слабых грунтах используются свайные фундаменты, представляющие собой длинный стержень прямоугольного или круглого, трубчатого сечения. Они могут быть забиты до уровня плотных грунтов (сваи - стойки) или «висящих» в грунте, удерживаемые в нем за счет сил бокового трения $F_T$ и сопротивления у нижнего конца $F_K$ (висячие сваи).

Сваи в грунт погружаются путем забивки специальными копрами (рис.9), вибропогружения, надавливания, подмыва грунта струей воды. После достижения проектной отметки поверху сваи устраивается роствер (от нем. *rostwerk*, от *rost* – решетка и *werk* – строение) - балки по головам сваи, в пересечении продольных и поперечных стен, образующих решетку.

Во времена Петра I считалось, что сваи приобретают свою несущую способность за счет того, что при забивке они своим объемом вытесняют грунт и этим уплотняют его. Совершенно очевидно, что это явление имеет место, однако, эффект от него ниже того, который возникает из-за увеличивающегося с глубиной *бытового давления* в грунте, вызванного весом его

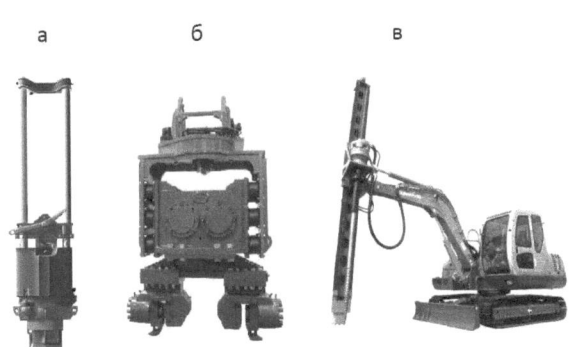

а          б          в

**Рисунок 9 - Установки и устройства для забивки, вибропогружения, завинчивания свай**
**а** - дизельный свайный молот;
**б** - вибропогружатель;
**в** - установка для завинчивания свай

вышележащих слоев, превращающего грунт в более плотное тело. Удивительные особенности грунта, а именно, изменение свойств однородного грунта в зависимости от глубины его залегания, образно выразил профессор Чеботарев, предложивший заполнить камеру волейбольного мяча песком или какой-либо сыпучей массой, а затем создать в ней вакуум, откачав воздух. Атмосферное давление сожмет сыпучий материал, превратив его в камень.

Также, аналогично атмосферному давлению, действует и давление грунта, нарастающее с глубиной. Но, в отличие от атмосферного, давление грунта по периметру ограниченного его объема распространяется неравномерно – вертикальная составляющая оказывается существенно выше.

Подобно этому, окружающий грунт на большой глубине, наподобие атмосферного давления, сжимает грунт под сваей, не давая ему выйти из-под нее при ее погружении, сжимает сваю по ее боковой поверхности, удерживая ее в своем теле, как древесина удерживает забитый в нее гвоздь.

Правда, в верхних слоях грунт своим весом обжат слабо и горизонтальным перемещениям сваи сопротивляется незначительно. В силу этого расчетная длина сваи при горизонтальных нагрузках принимается большей, чем длина ее свободного конца, возвышающегося над землей.

Грунтовые условия отличаются большой изменчивостью не только с глубиной, но и в плане. Так, Р. Леггет (*Robert F. Legget*) в своей знаменитой книге «Города и геология» (имеется перевод на русский язык [10]) пишет, что «даже для такого очевидно однородного материала, как синие глины Чикаго, при лабораторных исследованиях образцов, взятых на расстоянии 1,0-2,0 м, установлена разница в допускаемой нагрузке от 22 до 175 кН/м$^2$. Естественно, что при такой неоднородности грунта основания, следует сгущать сетку расположения буровых скважин и чаще по глубине скважины брать образцы грунта, но нам, все же, не удается осуществлять бурение с шагом < 1 м. Поэтому частота бурения скважин четко определена документами, регламентирующими производство инженерных изысканий. Конечно, можно определить расчетные значения расстояний между скважинами, позволяющие получить надежные статистические данные о параметрах грунтов площадки строительства, и все же на этом пути не удастся достичь полной гарантии надежности фундамента, если не проводить совместные исследования работы системы «основание - фундамент - здание». Очень важно при выборе типа фундамента знать не только уровень грунтовых вод (УГВ), но и его изменчивость во времени, так как его подъем или понижение могут вызывать увеличение подвижности или разрушение вышедших из воды частей фундамента. Известна осадка Уинчестерского кафедрального собора (построенного на деревянном фундаменте еще в 1079 году), после понижения УГВ. Грунтовые воды были совершенно не прозрачны из-за наличия слоя торфа в основании и заражены от расположенного вблизи могильника. В этой

ситуации водолаз Вильям Уокер в 1912 г., работая под водой в кромешной тьме, разработал часть за частью траншеи под стенами и заполнил их бетоном. Позднее во дворе собора был установлен памятник водолазу (рис.10) в знак глубокого признания его героического труда. Таким путем на глазах старшего поколения специалистов геология, занимающаяся изучением земной коры, геологической информацией и геологическими методами получения новых данных о местных подземных условиях, превратилась из науки, важной для гражданского строительства, строительства каждого отдельного здания, в науку, имеющую не

Рисунок 10 - Статуя водолаза Вильяма Уокера, восстановившего фундамент под стены Уинчестерского кафедрального собора в Англии меньшее значение для планирования городов, т.е. размещения на местности их составляющих, имеющих различное функциональное назначение. Надо отметить, что помимо изучения геологической информации, также дается оценка влияния геологии на основные факторы городского развития. К ним относятся: устойчивость склонов, берегов рек и оврагов, возможность ведения землеройных работ и условия устройства фундаментов, гидрогеологические условия (глубины и состав грунтовых вод), возможности прокладки сетей жизнеобеспечения и рациональные места расположения сточных резервуаров. Однако, наличие этих данных не исключает необходимость дополнительного разведочного бурения при изучении площадки под высотные здания и подземные трассы метрополитена.

## §5. Гидроизоляция

По верхнему обрезу фундамента устраивается слой горизонтальной гидроизоляции, предназначенный не допустить капиллярный подъем в кирпичные, деревянные, …, стены грунтовых вод. Ранее для этой цели использовался свинец в виде тонких плит, укладываемых на поверхности фундамента, его ростверка, а затем, при массовом строительстве жилья – рубероид (от лат. *ruber* – красный и греч. *eidos* – вид), полученный пропиткой битумом кровельного картона. Свинец гарантирует полную изоляцию стены, рубероид же - нет, со временем он начинает пропускать воду, образующую на стенах кирпичных здания красные подтеки, а при наличии соли в воде – и белые пятна. Предлагаем для устройства гидроизоляции использовать кирпич, пропитанный битумом, растворенным в керосине, смесью, благодаря своей подвижности, сообщенной ей керосином, способной заполнить поры, имеющиеся в кирпиче, уложенном поверх фундамента двумя слоями на разогретом битуме, с заполнением битумом и швов в кладке.

# Глава 3

# КОНСТРУКТИВНЫЕ ЧАСТИ ЗДАНИЯ

## §1. Стены зданий

Стены зданий выполняются из штучной кладки – кирпича, камней, блоков, которые отличаются друг от друга материалом, размером, конфигурацией, способом укладки; в виде каркаса из колонн и балок монолитной или сборной конструкции с ограждающими конструкциями из кирпича и камней, уложенных на балки каркаса, или из панелей, навешиваемых на каркас; а также монолитной конструкции из армированного бетона, укладываемого в опалубку, формирующую размер колонн, стен, (рис.11а,б,в,г).

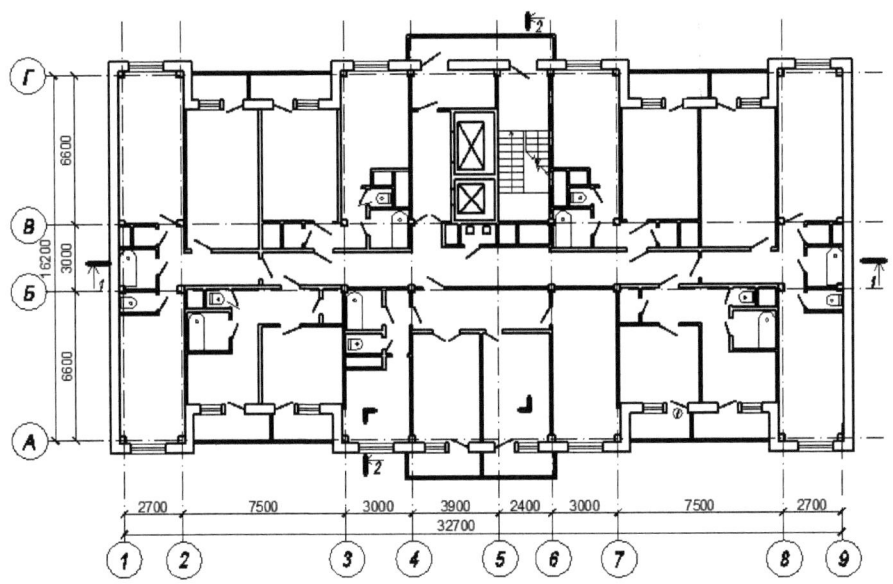

**Рисунок 11а - План этажа здания с незадымляемой лестницей**

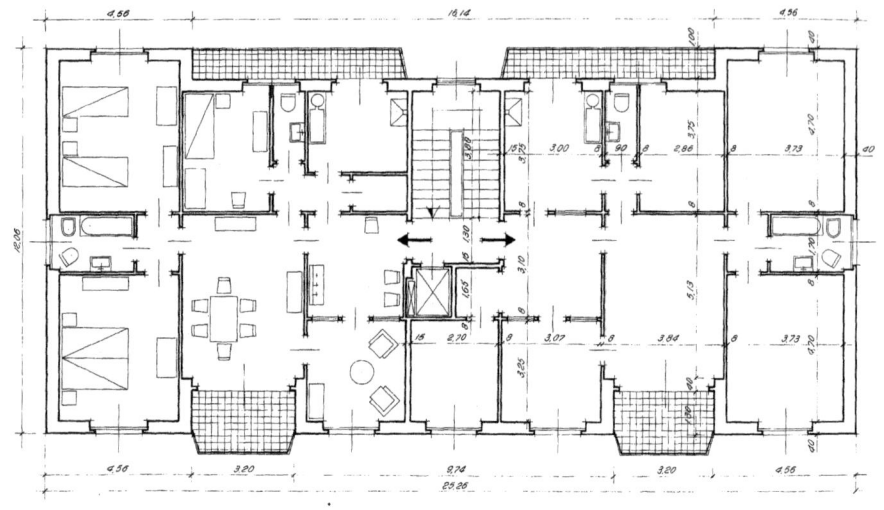

**Рисунок 11б - План этажа здания с квартирами со сквозным проветриванием**

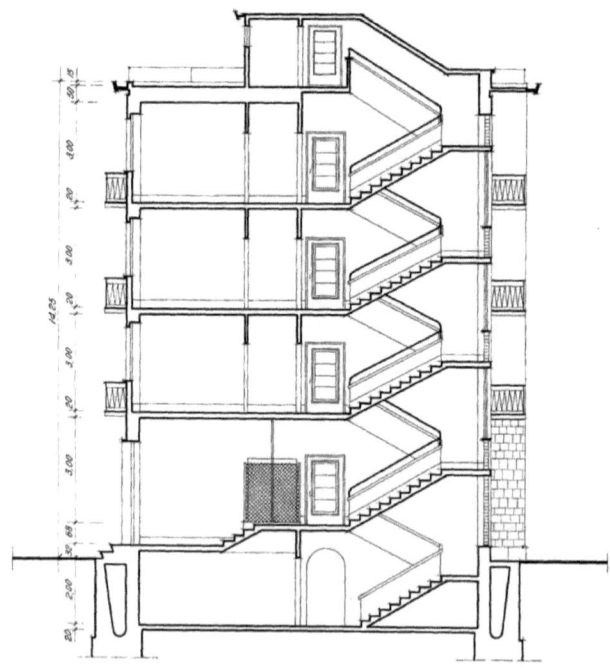

**Рисунок 11в - Поперечный разрез**

а                                              б

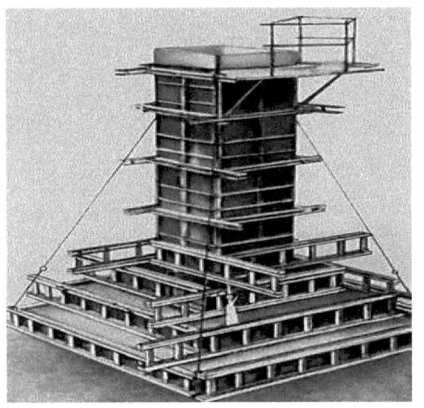 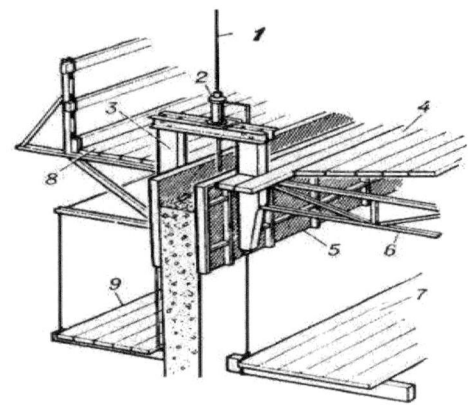

**Рисунок 11г - Опалубка для изготовления монолитных железобетонных конструкций**
**а** – общий вид стальной разборно-переставной опалубки ступенчатого фундамента;
**б** – скользящая опалубка для высоких сооружений;

1 – домкратный стержень; 2 – гидравлический домкрат; 3 – домкратная рама; 4 – рабочий настил; 5 – щит опалубки; 6 – ферма рабочего настила; 7 – внутренние подвесные подмости; 8 – наружные подвесные подмости; 9 – козырек по наружному периметру опалубки

Выравнивание и создание эстетичного внешнего вида стен достигается ее оштукатуриванием (от итал. *stucatura*, от *stucco* – раствор, замазка) – нанесением тонкого слоя раствора из гипса, смеси песка и цемента с последующей окраской, побелкой, наклейкой (с внутренней стороны стены) обоев, плитки и т.д. Стены зданий защищают помещение от непогоды, холода, жары и несанкционированного проникновения, создают замкнутое пространство отдельных квартир. При их изготовлении возникает некоторое противоречие. С одной стороны, их следует изготовить прочными, из плотного стенового материала, такого, например, как кирпич, бетон, плохо удерживающих тепло в здании, с другой же стороны, они должны удерживать тепло, теряя при этом прочность и плотность. Противоречие разрешается использованием стен комбинированной двухслойной конструкции, включающей прочный и теплоудерживающий слои.

## §2. Перекрытия зданий

Перекрытия зданий, образующие его полы и потолки, могут выполняться из металла в виде балок, опертых своими концами на стены, с укладкой поверх их металлического листа, сборных железобетонных плит или, чаще всего, монолитного железобетона, между балок армируемого арматурными стержнями; в виде железобетонных панелей или плит, уложенных вдоль здания или поперек его: в виде монолитной железобетонной плиты, опертой на стены или балки; деревянные из досок, уложенных на балки из брусьев.

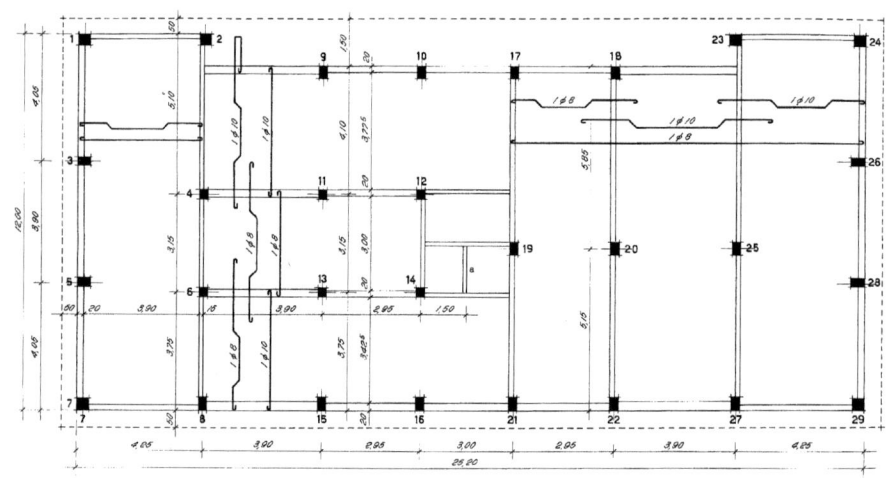

**Рисунок 12 - Монолитное железобетонное перекрытие здания**

Наиболее распространенные конструкции – сборные панели, плиты или монолитные перекрытия. Панели и плиты выпускаются заводами, их проекты тщательно проанализированы, опытные образцы проверены путем фактического нагружения в лаборатории на специальных стендах, поэтому при правильной укладке на стены они образуют прочную, надежную, долговечную конструкцию перекрытий. Монолитные перекрытия проще надежно соединить со стенами, но при конструировании и изготовлении они требуют большего внимания исполнителей, ибо в каждом случае они проектируются и строятся заново (рис.12). Перекрытия зданий отделяют квартиры друг от друга в горизонтальных плоскостях, создавая, как и стены, изолированное пространство и удерживают установленную на них нагрузку. Общим элементом стен и перекрытий, соединяющим перекрытия между собой в качестве пешеходной артерии, являются лестничные клетки, включающие нижнюю и верхнюю лестничные площадки, косоуры, удерживающие ступени, вместе

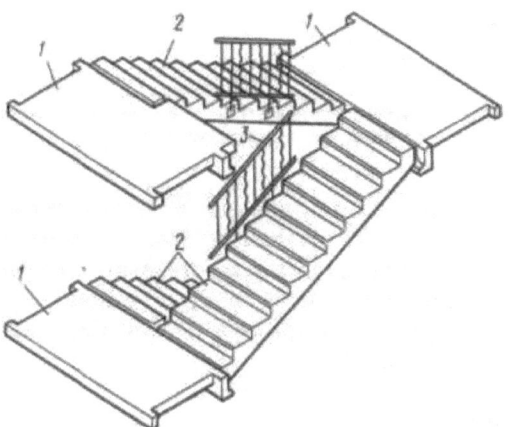

**Рисунок 13 - Лестничный марш**
1 – нижняя и верхняя лестничные площадки;
2 – лестничные марши;
3 - поручень

со ступенями образующие лестничные марши (рис.13). Площадки опираются на стены, косоуры – на площадки. Ступени могут составлять одно целое с косоурами (монолитный вариант) или укладываться на косоуры поштучно снизу вверх (сборный вариант).

В многоэтажных зданиях с числом этажей более пяти, параллельно с лестничными маршами, используются лифты, размещаемые в специальных лифтовых шахтах, служащие механизированным средством передвижения. В последнее десятилетие вошло в практику достраивание шестого этажа в пятиэтажных зданиях, но в этом случае необходима установка лифтов. Этого можно избежать устройством на 5-м и 6-м этажах квартир в двух уровнях. Если шестому этажу придать мансардную форму, используя для ее возведения легкие металлические конструкции, то в значительном числе зданий удается обойтись без усиления фундаментов, что при использовании каменных несущих стен становится проблематичным.

# §3. Крыши зданий

Крыши, своего рода зонтики над зданием, выполняются плоскими, односкатными и двускатными. Плоская крыша, выполняемая в бесчердачном варианте, проще в изготовлении, но находящиеся под нею помещения оказываются сильнее прогретыми летом и замерзающими зимой. В связи с этим устраивается чердачное помещение, при плоской крыше имеющее небольшую высоту с проемами для проветривания. А при двускатной крыше в большом пространстве устраиваются мансарды (от франц. *mansarde*, от имени франц. архитектора *F. Mansard*).

Крыша – верхняя ограждающая конструкция здания, состоящая из несущей системы (стропил, ферм, прогонов, пластин (панелей) и т.д.), передающей нагрузки от ее веса, снега и ветра на стены здания и специальные опоры, а также из наружной непроницаемой оболочки – кровли.

В бесчердачном варианте крыши, имеющей также название совмещенного покрытия, под кровлей устраивается теплоизоляция. Теплоизоляция устраивается и в двускатном варианте крыши, если чердачное помещение используется под мансарду.

Мы описали основные конструктивные элементы здания и способы их возведения, сложившиеся как общечеловеческая практика. Выше описаны основные конструктивные элементы здания и способы их возведения, сложившиеся за тысячелетия их строительства. Этого материала достаточно, что бы на его примере познакомить начинающих специалистов с конструкциями зданий, основной строительной терминологией и тем самым подготовить их к пониманию дальнейшего материала, менее наглядного и очевидного. Вместе с тем, в конце книги приводятся более оригинальные конструкции, способные увлечь специальностью не только конструкторов, строителей, но и архитекторов.

# Глава 4

# ОСНОВНЫЕ КАТЕГОРИИ

# КАЧЕСТВА ЗДАНИЯ

## §1. Расчет прочности конструкций

*Будет ли у нас желание думать
о частном и особенном?*

Но не менее важной частью проектирования и строительства здания, помимо конструирования их элементов, является расчет их прочности и неизменяемости формы при действии на него статической (неизменяемой во времени) и динамической (изменяемой во времени) нагрузок.

Причин, вызывающих появление нагрузок на здания много. Это гидрогеологические, атмосферные явления, взрывы. Приведем их достаточно полный перечень:

1. Землетрясения, ядерные и другие подземные взрывы.

2. Карстовые провалы.

3. Оползни.

4. Просадка грунта.

5. Плывуны.

6. Мульда сползания, сдвижения.

7. Пучение, замораживание и оттаивание грунта.

8. Повышенная сжимаемость и выпор грунта.

9. Ураганы.

10. Бытовые, техногенные, диверсионные и боевые взрывы.

11. Ядерные взрывы в атмосфере.

12. Цунами.

13. Морские волны.

14. Подводные ядерные взрывы.

Каждое их них обладает специфическими свойствами, отличается характером и параметрами воздействия на сооружения. Не все эти явления достаточно изучены, еще менее разработаны методы расчета объектов, подвергающихся перечисленным воздействиям.

Тем не менее, в освоении всего множества воздействий и реакции на них зданий и сооружений строительная наука за последние годы существенно продвинулась. Но на долю того, кто только собирается стать в ряды строителей, еще остается решение многих сложных и важных проблем. И здесь первостепенное значение получает изучение основ наук (которые следует изучать постепенно).

## §2. Напряжения

*Уже слышен треск.*
*Разумно ли грузить дальше?*

Основой прочностного расчета является определение прочности одного квадратного сантиметра строительных материалов, являющегося допускаемым напряжением. Приведение к $1 \text{см}^2$ позволяет сравнивать фактическое напряжение, полученное, например, при сжатии, растяжении путем деления нагрузки $P$ на площадь поперечного сечения конструкции $A$, $\sigma = P / A$, $\text{Н/см}^2$, с допускаемым ее значением $[\sigma]$. Конечно, условие прочности имеет вид $\sigma \leq \gamma[\sigma]$; в этой формуле $\gamma$ - коэффициент безопасности (коэффициент запаса), $\gamma < 1$. Коэффициент $\gamma$ необходимо вводить в расчет в связи с неоднородностью строительных материалов, грунта основания. Ведь эта неоднородность неизбежно приводит к тому, что одинаковые образцы, подвергнутые испытаниям, несмотря на их абсолютное сходство, имеют отличающиеся значения прочности, т.е. величину $[\sigma]$. Причем эти отличия, для стали незначительные, большие для бетона, железобетона, еще большие для грунтов. Коэффициент $\gamma$ выбирается таким образом, чтобы учесть крайне неблагоприятные (минимальные) значения прочности материала, характеризующей ее величины $[\sigma]$, которая выступает в этом случае как ее среднее или даже минимальное значение из экспериментального ряда.

Такой же коэффициент применяется и при определении нагрузки (обозначим его $\gamma_n$), поскольку одно и тоже количество кирпичей или других материалов может иметь отличающийся вес. Однако, учитывая, что вес может разрушать конструкцию, но и удерживать ее, к нему применяется коэффициент больше либо меньше единицы. Это наглядно иллюстрируется на примере уголковой подпорной стенки, когда грунт одновременно удерживает ее и опрокидывает (рис.14).

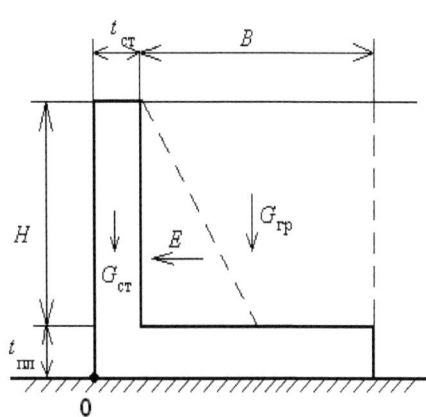

**Рисунок 14 - Уголковая стенка – пример для демонстрации величины коэффициентов безопасности по нагрузкам**

В этом случае опрокидывающую нагрузку $E$ следует принимать с коэффициентом $\gamma_n^{опр} > 1$, а удержи-вающую нагрузку $G$ - с коэффициентом $\gamma_n^{уд} < 1$. Увеличивая расчетное значение опрокидывающей нагрузки $E_p = E\gamma_n^{опр}$, мы уменьшаем высоту стенки $H$ и увеличиваем ширину плиты $B$, а удерживающей $G_p = G_p\gamma_m^{уд}$ - увеличиваем ширину плиты $B$.

Если рассмотреть равновесие стенки, установленной на скальном основа-

26

нии, когда она при опрокидывании вращается вокруг точки «о», то условие ее

равновесия при опрокидывании будет выглядеть так:

$E\gamma_n^{onp} \cdot (H/3 + t_{nn}) \le [G_{cm} \cdot t/2 + G_{zp} \cdot (B/2 + t)] \cdot \gamma_n^{yd}$, а условие равновесия при

сдвиге – так: $E\gamma_n^{onp} \le f \cdot G_{zp} \cdot \gamma_n^{yd} = f \cdot \rho_{zp} \cdot g \cdot B \cdot H \cdot 1 \cdot \gamma_n^{yd}$,

где $\rho_{zp} \cdot g$ - вес единицы объема грунта;

$\rho_{zp}$ - масса единицы объема грунта;

$g$ - ускорение свободного падения тела;

$f$ - коэффициент трения бетона о грунт.

Поскольку величина $B$ входит в оба условия равновесия, вычисленных из

двух равенств, $B_{onp} \ge [2 \cdot E \cdot \gamma_n^{onp} \cdot (H/3 + t_{nn}) - (G_{cm} \cdot t + 2 \cdot G_{zp} \cdot t) \cdot \gamma_n^{yd}]/(G_{zp} \cdot \gamma_n^{yd})$,

$B_{cdeuza} \ge E \cdot \gamma_n^{onp}/f \cdot \rho_{zp} \cdot g \cdot H \cdot 1 \cdot \gamma_n^{yd}$, выбирается большее. Единица в

формулах означает, что рассчитывается длина стенки, равная единице,

например, 1 м.


# §3. Деформация. Закон Гука

*Если мы начали изучать особенное,*
*то придем ли затем от него к общему?*

Основой деформационного расчета конструкции на сжатие, растяжение

является закон Гука, устанавливающий для конкретной конструкции связь

между нагружающей силой сжатия, растяжения и изменением ее длины. Легко

показать, что удлинение при растяжении (аналогично укорочение при сжатии)

тем больше, чем значительнее величина силы $P$ и длина конструкции $l$, и тем

меньше, чем больше ее сечение $A$ и упругость материала, характеризуемая

модулем упругости $E$. Т.е., удлинение $\Delta l$ равно $\Delta l = p \cdot l/A \cdot E$. Мы еще не

выяснили, что означает собой модуль упругости, остальные члены формулы нам известны. Важно определить, правильно ли то, что мы записали величины $P$, $l$ и $A$ в первой степени. Для определения этого рассмотрим стержни длиной $l$ и $2l$, растянутые силой $P$. Легко убедиться, что, если стержень длиной $l$ получит удлинение $\Delta l$, то второй – длиной $2l$ получит удлинение $2\Delta l$, если стержень сечения $A$ удлинится на $\Delta l$, то стержень с сечением $2A$ получит удлинение $\Delta l/2$, то есть в том и другом случаях между величинами $\Delta l$ и $l$, $A$ существует линейная зависимость. Что касается зависимости $\Delta l$ от $P$, то тут априорной (от лат. *a priori* - изначально) ясности нет, следовательно, необходимо обратиться к эксперименту. Но прежде ближе «познакомимся» с модулем упругости, для чего запишем формулу закона Гука, приведенную выше, относительно модуля упругости в виде $E = \dfrac{P}{A} \cdot \dfrac{l}{\Delta l}$, или, учитывая формулу $P/A = \sigma$, в виде $E = \sigma \cdot (l/\Delta l)$. Поскольку отношение $(l/\Delta l)$ безразмерное, модуль упругости $E$, как и напряжение $\sigma$, имеет единицу измерения H/см$^2$, т.е. является силовой характеристикой. Как следует из формулы для $E$, величины, входящие в нее, измеряются: $l$, $A$, $\Delta l$ - с помощью линейки; $P$ - с помощью весов, а сам модуль упругости $E$ вычисляется на основании этих величин.

Проведем еще одно рассуждение, проливающее свет на модуль упругости.

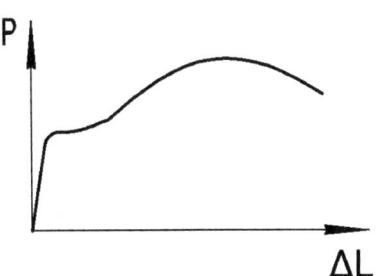

Рисунок 15 - **Диаграмма работы материала показателем вели- чины модуля упругости**

Примем два стержня – из стали и резины с одинаковыми длиной $l$ и сечением $A$. Придадим им одинаковое удлинение $\Delta l$. Силы же, вызвавшие это удлинение, будут разные: $Pcc_{cm} \succ\!\!\succ Pppe$. В этой ситуации, если принять площадь поперечного сечения $A = 1 см^2$, силы $Pcc$, $Pppe$ являются равными напряжениями.

Кстати, закон Гука можно записать и так $\sigma = E \cdot \xi$, где величина $\xi = \Delta l / l$ носит название относительного удлинения. Теперь вернемся все же к обсуждению зависимости $\Delta l = f(P)$, где $f$ - функция. Раскрыть ее можно только с помощью эксперимента. Он показывает, что вначале между величинами $\Delta l$ и $P$ существует линейная зависимость $\Delta l = \delta \cdot P$, где

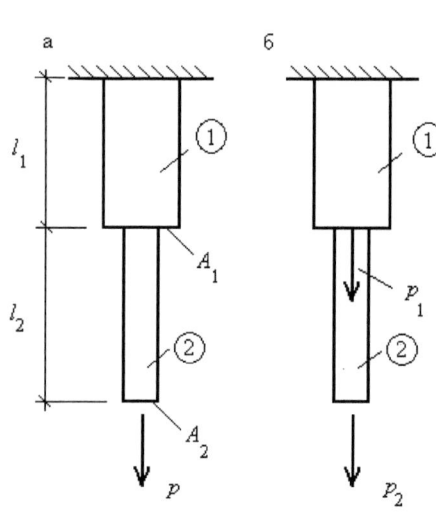

$\delta = l/AE$, а затем, при увеличении $P$, эта зависимость становится нелинейной (рис.15). Легко убедиться, что, чем жестче растягиваемый стержень, т.е. чем больше характеризующая жесткость величина $AE$, тем круче наклон линии на первом участке диаграммы. Отношение $P/\Delta l$ равно $AE/l = tg\alpha$. Величину $AE/l$ принято называть <u>погонной</u> <u>жесткостью</u> стержня (погонной, потому что она приведена к единице длины), то значение $tg\alpha$ является ее

**Рисунок 16 - Ступенчатая стержневая система, растянутая продольными силами**
а – на конце системы;
б – в двух точках

показателем. Для закрепления материала определим удлинение ступенчатой конструкции (рис.16а), у которой $l_1 = l_2 = 1$м, $A_1 = 2$см$^2$, $A_2 = 1$см$^2$, $P = 20$кН, $E = 2,1 \cdot 10^7$ Н/см$^2$. Определим удлинение стержня1:

$\Delta l_1 = Pl_1 / A_1 E = 20 \cdot 10^3$ Н$\cdot 100$см/$2$см$^2 \cdot 2,1 \cdot 10^7$ Н/см$^2$ $= 0,047619$ см.

Определим удлинение стержня 2:

$\Delta l_2 = Pl_2 / A_2 E = 20 \cdot 10^3$ Н$\cdot 100$см/$1$см$^2 \cdot 2,1 \cdot 10^7$ Н/см$^2$ $= 0,095238$см.

Суммарное перемещение $\Delta l = \Delta l_1 + \Delta l_2 = 0,047619 + 0,095238 = 0,142857$см.

Усложним задачу (см. рис.16 б), примем, что $P_1 = 20$кН и $P_2 = 20$кН. Имеем

$\Delta l_1 = 40 \cdot 10^3 \cdot 100/2 \cdot 2,1 \cdot 10^7 = 0,095238см; \quad \Delta l_2 = 20 \cdot 10^3 \cdot 100/1 \cdot 2,1 \cdot 10^7 = 0,095238см.$

Суммируем значения $0,095238 + 0,095238 = 0,190476см$. Если бы обе силы $P_1$ и $P_2$ были прикреплены к нижнему концу конструкции, то общее удлинение было бы равно $\Delta l = 0,142857 \cdot 2 = 0,285714см$.

## §4. Учет воздействия землетрясения

*Факел, ночь, последнее объятье,*
*За порогом дикий вопль судьбы…*

При воздействии землетрясения на здания и сооружения или ветра на высотные и гибкие сооружения возникает их колебание, приводящее к появлению дополнительных нагрузок, способных вызвать разрушение – объек-

тов. Колебательный процесс вызывается инерционными силами, определяемыми уравнением Ньютона $m \cdot a = P$, где $m$ – масса объекта, $a$ – его ускорение, $P$ – действующая сила.

Поскольку скорость объекта равна первой производной смещения $S(t)$, т. е.

**Рисунок 17 - Дома легли на бок от разжижения грунтов основания, вызванного землетрясением**

равна $V(t) = \dot{S}(t)$, а ускорение есть скорость изменения скорости, т. е. равно $W(t) = \dot{V}(t) = \ddot{S}(t)$, то уравнение движения имеет вид $m \cdot \ddot{S}(t) = P(t)$ [5, 6].

Поскольку на массу $m$ действует не только сила инерции $m \cdot \ddot{S}(t)$ и внешняя сила $P(t)$, но и сила сопротивления здания, описываемая законом Гука – равенством $R_{ynp} = k \cdot S(t)$, то окончательно уравнение колебания здания как одномассовой системы имеет вид $m \cdot \ddot{S}(t) + k \cdot S(t) = P(t)$. Если нагрузка действует по гармоническому закону $P(t) = P \sin \omega_0 t$, то решение уравнения определяется равенством $S(t) = A \sin \omega_0 t$. Подставив предполагаемое решение в уравнение, получим $-Am\omega_0^2 + kA = P$, откуда $A = P / (k - m\omega_0^2)$.

При этом следует иметь в виду, что при землетрясении $P(t) = -m\ddot{S}_0(t)$, где $\ddot{S}_0(t)$ – ускорение основания, величина которого зависит от балльности (силы) землетрясения. Так, для землетрясения силой в 7 баллов $\ddot{S}_{0max} = 0{,}1g$, при 8 баллах $-\ddot{S}_{0max} = 0{,}2g$, при 9 – $\ddot{S}_{0max} = 0{,}4g$. Преобладающее значение частоты колебания грунта при землетрясении равно $\omega_0 \approx 18 p/c$, периода его колебания $T = 0{,}35c$. Землетрясения вызывают возвратно-поступательные движения грунта по разным направлениям и его «разжижение», т. е. увеличение подвижности. В «разжижении» легко убедиться, если насыпать на стол конус из песка и начать трясти стол. Конус, особенно его вершина, начнут оседать, и его откосы будут становиться более пологими, при энергичных толчках – в большей степени. «Разжижение» проявляется заметнее в водонасыщенных и пылеватых песках. Имеются этому подтверждения, когда монолитные железобетонные здания, построенные на водонасыщенных грунтах, при землетрясении легли на бок (рис. 17).

## §5. Учет воздействия ветра

Ветер [6] характеризуется длиннопериодным воздействием, с периодом $T_Д = 15\ c$, которое рассматривается как статическая нагрузка, поскольку период колебания зданий намного меньше величины *15 с*, а также короткопериодным, с периодом, например, *Тк = 3 с*. Величина воздействия $P$ в графиках давления ветра при этом имеет значение $P_g = k_g q_{0g}$, где $k$ – ветровая характеристика района; $q_0$ – суммарное давление ветра на 1 м$^2$ с наветренной и подветренной сторон здания. Т.е., суммарное давление ветра описывается функцией

$$P(t) = P_g \sin\frac{\pi}{T_g}t + P_k \sin\frac{\pi}{T_k}t .$$

## §6. Просадка основания

Посадочными называются грунты, которые при замачивании сжимаются, проседают. Обычно это глинистые макропористые грунты, в которых, как в голландском сыре, большое количество мелких пор. Стенки грунта вокруг пор при замачивании теряют прочность, оседают, заполняя поры. Естественно, вес здания при замачивании грунта вызывает увеличение его просадки.

Просадка ничего хорошего зданию не оставляет и поэтому главным способом борьбы с нею является недопущение замачивания грунта или, наоборот, его априорное (*a priori*–независимо, до опыта, заранее) замачивание. Иногда для увеличения просадки при априорном замачивании организуют пригрузку основания, например, отсыпкой слоя песка, в 2…3 метра высотой.

Можно предложить забивку клиновидных свай длиной в 2…3 м, своим объемом вызывающие заполнение пор уплотняемым грунтом. Но при этом необходимо не допустить замачивание грунта, расположенного под нижним концом свай, где грунт остается неуплотненным. Можно выполнить глубинное замачивание иглофильтрами в сочетании, например, с погружением, также используя струю воды (т.е. подмывом), микросвай (сечением 10х10см, длиной 2,5-3м), расположенных близко друг к другу. При их использовании удается совместить оба известных способа уплотнения просадочного грунта: - его замачивание водой, используемой для погружения свай;

- его уплотнение густо расположенными сваями, своим телом вытесняющих грунт, заполняющих поры просадочного грунта.

## §7. Карстовый провал

*Под землю! В логово колдуна...*

Карстовый провал (КП) проявляется в виде группы поверхностных воронок в форме блюдец или глубоких обвалов с диаметром $d = 3...6$ м (рис.18). КП – результат растворения (природными или инфильтрируемыми из

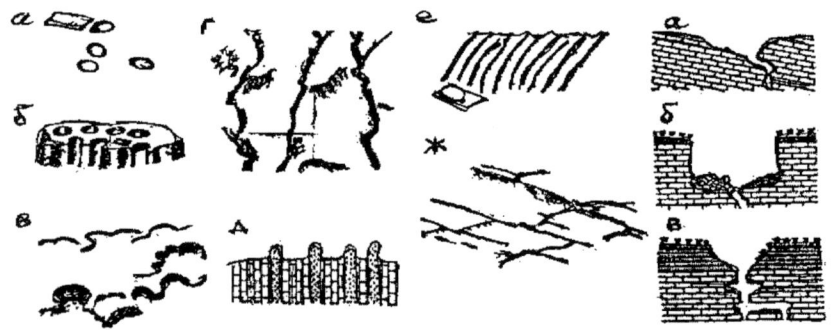

**Рисунок 18.1 - Различные типы карстовых провалов**

а – лунковые;
б – трубчатые в гипсе;
в – в виде следов;
г – бороздчатые;
д – структурные (разрез);
е – желобковые;
ж – трещинные (на рис 18.1 а, е для масштаба изображен компас длиной 11см)

**Рисунок 18.2 -Типы карстовых воронок**

а – поверхностного выщелачивания;
б – провальная;
в – просасывания

сетей водами) горных пород: известняка, доломита, мела, мергеля, мрамора, гипса, ангидрита, каменной соли и др. Термин «карст» происходит от названия возвышенного плато в Югославии, где провалы «типично выражены» [2], и не имеет иного смысла. Провал вызывает осадку или осадку с наклоном поперечной стены, оказавшейся над провалом, которая при наклоне, нажимая на перекрытия, вовлекает в работу все здание. При этом перекрытия, опираясь на остальные стены, способны удерживать падающую стену определенное время, достаточное, чтобы осуществить тампонаж воронки. Повысить карстоустойчивость здания можно устройством цокольного и первого этажей здания, более широких в плане [8]. Методика расчета здания на карстовый провал приведена в работах [4, 1].

## §8. Мульда сползания (сдвижения)

*На то, что б с громом провалиться*
*Годна вся эта дрянь, что на земле живет...*
*Мефистофель*

**Рисунок 19 - Подпорки стен старых зданий, осевших в результате проведения горных работ. Чехословакия, Кутна-Гора**

Мульдой сползания (МС) называется форма осадки основания с одновременным его горизонтальным смещением в результате обрушения сводов и стенок отработанных горных выработок – шахт. МС развивается во времени и может «подходить» к зданию под произвольным углом. Вызывая неодновременную осадку его стен, их различных точек, МС вызывает изгиб, кручение и перекосы здания, способные его частично или полностью разрушить.

Для сохранения здания от подобного разрушения пришлось воспользоваться подпорками (рис.19). Математическое описание характера осадки грунта в МС и методики расчета здания на ее действие приведены в работах [7, 9].

## §9. Физический и моральный износы здания

В результате старения материал фундаментов, стен, перекрытий, полов, крыши теряет прочность и разрушается. В процессе старения может наступить разрушение здания. Старение материалов приводит к физическому износу здания – его непригодности к дальнейшей эксплуатации.

Если же здание находится в хорошем состоянии, но оно не отвечает современным представлениям о комфорте проживания: отсутствие удобств, тесные комнаты с низкими потолками, узкими дверьми, маленькими окнами, оно считается зданием морально изношенным, морально устаревшим.

## §10. Обследования, испытания и паспортизация зданий

*Вперед! Только вперед!*
*Убьют, и то головой вперед падай...*
*Чапаев*

Состояние здания поддается оценке. Ее обычно проводят квалифицированные специалисты в результате специального обследования.

Обследование включает осмотр фасадов, интерьеров здания, фотографирование, замеры и описание дефектов, выборочное взятие проб различных материалов фундаментов, стен, перекрытий для лабораторных испытаний на прочность и др. Систематическое наблюдение за зданием для принятия своевременных мер, предотвращающих его разрушение, достигается составлением паспортов зданий, каждые пять лет обновляемых, или чаще, если возникают чрезвычайные обстоятельства. Многие дефекты зданий можно не допускать еще на стадии их проектирования, поскольку причины их появления специалистам известны. Ведь их устранение всегда сложно, а в ряде случаев даже невозможно. Меры, способные предотвратить разрушение зданий, не всегда трудновыполнимые и дорогостоящие. Часто оказывается достаточным устроить междуэтажные железобетонные пояса, уложить в швы кладки арматурную сетку или стянуть вертикальными затяжками фундамент с поясом на покрытии. Искусству усиления здания – эффективного и недорогостоящего следует основательно обучить будущего инженера-строителя. Об основах этого искусства можно прочесть в книгах [5, 6]. Обследование, испытание, оценка физического и морального износа, паспортизация и своевременные ремонт и реконструкция зданий и сооружений – средство их защиты от неожиданных и преждевременных разрушений.

Приемка комиссией вновь построенных зданий – это первое его обследование. Оно отличается от последующих тем, что комиссия обычно ограничивается осмотром здания на предмет его соответствия проекту, изучением документации (актов на скрытые работы, журналов работ, сертификатов на материалы и изделия…).

Обследования могут назначаться и до пуска объекта, если возникают какие-либо сомнения по поводу соответствия постройки проекту, по поводу качества работ. Автор проводил испытания свай морских сооружений после их погружения в грунт, свай-колонн, колонн на фундаментах стаканного типа.

Проверке подвергалась горизонтальная жесткость свай и колонн, для чего определялся период их горизонтальных колебаний. Сваи, недостаточно заземленные в грунте, колонны в фундаменте колеблются медленнее, с большим периодом. По разности периодов колебания могут быть отбракованы дефектные конструкции. И действительно, некоторые колонны были защемлены в стаканах фундаментов лишь деревянными клиньями, без последующего бетонирования зазора между фундаментом и колонной.

Тем не менее, важнейшим является обследование зданий и сооружений. Оно бывает плановым, например, каждые пять лет – перед паспортизацией объекта, т.е. составлением его паспорта, характеризующего состояние объекта в период обследования. Наличие признаков разрушения – осадок, трещин – может явиться причиной внепланового обследования. В том и другом случае обследование включает:

- визуальный осмотр всех конструкций здания – от фундамента до кровли с зарисовкой и описанием выявленных при осмотре дефектов;

- инструментальный контроль состояния конструкций разрушающими и неразрушающими методами (обстукивание, ультразвуковой контроль, рассверливание и т.п.);

- взятие проб материала конструкций для лабораторного обследования;

- испытание объекта отгрузкой;

- динамические испытания объекта или (и) его элементов.

а)                                                  б)

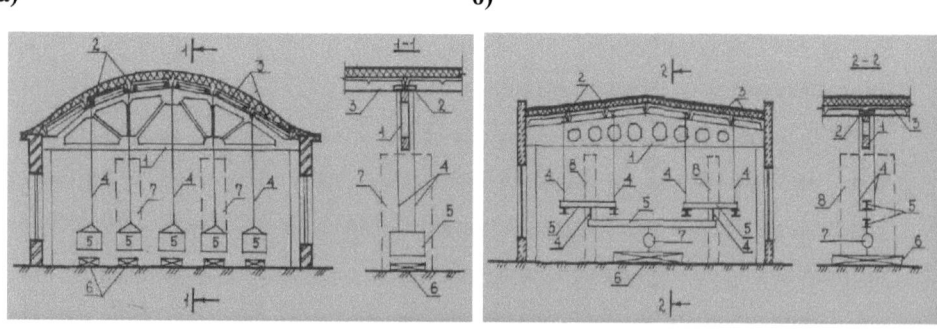

**Рисунок 20 - Испытание фермы и балки покрытия в действующих зданиях путем нагружения**

**а)** – фермы; **б)** – балки

Пример динамических испытаний был описан выше применительно к сваям и колоннам. Испытание конструкций отгрузкой приведено на рис.20. Таким образом, испытания конструкций является неотъемлемым элементом обследования, одним из важнейших средств оценки их состояния. Состояние объекта характеризует возможность его дальнейшей эксплуатации без угрозы для жизни людей, т.е. его физическое состояние. Степень утраченных при эксплуатации здания качеств называется *физическим износом*.

Состояние объекта характеризует и удобство проживания, нахождения в нем. Например, частичное или полное отсутствие сантехнических удобств, тесные, темные комнаты, односторонние окна, что затрудняет проветривание помещения, низкие потолки в помещениях с большим количеством находящихся в них людей и т.д. Такое состояние объекта, если при этом нет угрозы его обрушения, называется *моральным износом*.

**Рисунок 21 - «Если отказаться от испытаний образцов грунта, можно сэкономить 700 лир»**

Физическое состояние объекта и степень его морального износа вносятся в паспорт объекта и являются его важнейшей составляющей. Следует отметить, что наличие или отсутствие паспорта здания или сооружения в значительной степени влияет на отношение к его сохранности со стороны эксплуатационных служб. Очевидно, что при отсутствии паспорта этой службе сложнее выполнять сохранение объекта, чем при его наличии, поскольку паспорта содержит информацию, предупреждающую об угрозе объекту. Это должно учитываться при определении степени ответственности тех или иных должностных лиц при пожарах, авариях...

Все знают, что означает слово *ремонт*. Под *реконструкцией* зданий понимается процесс, включающий изменение конструкций объекта (пристройка комнат, лоджий, надстройка этажей, перепланировка помещений и т.п.), либо изменение параметров зданий, либо его назначения. *Реставрация* – это восстановление внешнего вида, планировки и интерьеров, дворового пространства, присущих объекту изначально даже в том случае, что имевшие место в прошлом перестройки существенно скрыли его первоначальный вид. Реставрация – дорогостоящее мероприятие, поэтому ей обычно подвергаются объекты, отнесенные к историческому наследию («памятникам старины», важным историческим событиям). Легко согласиться, что во всей череде мероприятий, описанных в этом разделе, важнейшим, определяющим все последующее, и одновременно наиболее трудоемким является обследование объектов. И эта задача целиком ложится на плечи инженеров специальности ПГС (промышленное и гражданское строительство). В особом ряду стоит решение задач экономики строительства, ведь, снизив стоимость дома на 10%, за те же средства можно построить еще один, одиннадцатый дом. Стремиться к экономии средств следует всегда, однако, прибегать к ней с осознанием дела (рис.21).

## §11. Рассмотрение примеров аварий зданий, их анализ и определение причин

Теория прочностного расчета зданий и сооружений всегда в той или иной степени оказывается приближенной, поскольку постоянно изменяются их конструкция, размеры и используемые строительные материалы, что влечет за собой необходимость корректировки расчетных подходов. Есть обстоятельства, априорное определение которых вообще невозможно, например, все еще не удается заранее определить силу землетрясения и его частотный спектр, увязать частоту колебания поверхности земли и соответствующего ей силового воздействия. Поэтому анализ аварий – дополнительный фактор, определяющий надежность зданий и сооружений.

Конечно, мы не имеем в виду полностью обрушившиеся объекты, когда они представляют собой груду мусора. Для анализа используются объекты, которые уцелели, но получили трещины, осадку, частичные разрушения, показывающие уязвимые места и характер разрушения, а по их уровню и процесс его развития.

Например, при анализе последствий землетрясения в Петропавловске-Камчатском 1971 г. мы столкнулись с тем, что однотипные блочные пятиэтажки получали различной степени раскрытие вертикальных трещин в торцах здания в угловых стыках продольных и поперечных стен. Мне удалось заметить, что степень этого разрушения зависела от угла подхода к лицевому фасаду здания фронта сейсмической волны (максимум разрушений наблюдался при $\alpha=20^{\circ}$). Выполненные позже теоретические исследования подтвердили этот факт.

Для усиления углов здания, пересечений его продольных и поперечных стен целесообразно вводить в кладку сетки угловой, тавровой, крестовидной формы, изготовленные из арматурной стали диаметром до 6 мм. Их следует укладывать в горизонтальные швы по высоте здания с шагом 0,5 - 0,6 м. Сетки, дополняя поэтажные горизонтальные железобетонные пояса, являются эффективным средством сохранения целостности пересечения стен.

Примеры можно продолжить. Например, разрушение междуоконных столбов зданий, часто наблюдаемое при землетрясениях, вызывает обрушение перекрытий. Этого можно избежать, если монтажные петли рядом расположенных плит перекрытий соединить между собой и с петлевым выпуском железобетонного пояса арматурной сталью диаметром 8мм. К тому же сам столб, учитывая тенденцию его разрушения по косым сечениям, также целесообразно усилить горизонтальными арматурными сетками. Арматурные сетки, петли, устроенные в железобетонных поясах – недорогие элементы усиления и их следует повсеместно использовать. Другое дело – внедрение конструктивных дорогостоящих деталей. Учитывая низкую повторяемость землетрясений разрушительной силы, использование этих деталей в экспериментальных целях вряд ли экономически оправдано. Этому должны предшествовать серьезные теоретические и экспериментальные (логические, компьютерные и на моделях) исследования.

Сейчас, благодаря появлению эффективных промышленных вычислительных комплексов (например, FEMAP/NASTRAN), имеется возможность выполнения статических и динамических экспериментов на экране компьютеров. Можно наблюдать отклонения, колебания зданий, сооружений, их частей, по цветовой гамме определять уровень смещения, деформации, напряжения, максимальных их значений, и все это в любой точке конструкции, по любому направлению и в любой момент времени. Следует лишь научиться пользоваться этими вычислительными комплексами, понимать решаемую задачу и уметь анализировать и объяснять наблюдаемые на экране компьютера явления. Научиться всему этому, можно только учась, только в поисках знаний. Мы надеемся, что Вы, внимательно прочитав эту книгу, воспитали в себе тягу к неизвестному. Тогда приходите в наш коллектив, и мы вместе будем приоткрывать пелену неясности в нашей сложной строительной науке. Ведь «талант рождается сам по себе, но созревает он только в коллективе» - творческом коллективе. Талантливая молодежь, приходя в научный коллектив, развиваясь в нем, неимоверно усиливает его и свой творческий потенциал. В научной работе один человек своими гениальными открытиями может сделать порой больше, чем целый строительный трест за долгие годы труда всего его коллектива, чем целая армия на полях сражения. Не зря же ученых чтят как крупных героев разума, «вырвавших для нас крупицу научного познания». Вспомните Галилея, Ньютона, Эйлера... Кто из Вас следующий на этом высоком пьедестале?! Но в строительных делах заслуги принадлежат не только ученым и инженерам. Героический рабочий-строитель всегда был уважаем в России, во всем мире. Им воздают должное, храня о них память в наградах и памятниках (см. рис.10).

До настоящего времени, хотя с той поры прошло более полувека, помню и ценю своих лучших рабочих, с которыми строил в Одессе Цементный завод. Это орденоносец, бригадир каменщиков Гопич, бригадир плотников А.Степанец, сварщик Н.Красножон. Затем, на строительстве в той же Одессе завода «Центролит», - бригадир бетонщиков А.Мерзанин. Это были люди чести, они ценили уваженческое отношение к ним со стороны руководившего работой инженера и рабочих – членов бригады, и своим трудом, искренним сопереживанием по поводу успехов производства старались заслужить и поддерживать это уважение к себе.

Вы – будущие инженеры, руководители производства, всегда помните об этих чертах рабочих, сами будьте людьми чести и цените эти качества в подчиненных. Они помогут Вам в достижении производственных успехов. Это и есть универсальное средство достижения счастья. Помните, Гете устами героя своего главного произведения «Фауст» провозгласил, что счастье состоит в коллективном творческом труде, в служении людям. Эти способности наиболее полно приобретаются молодежью в учебном процессе, когда закладываются важные для этого качества личности и специалиста:

- любовь к профессии;

- стремление ее познания не как ремесла, а как средства для творчества;

- умение централизации внимания на важном, ключевом моменте инженерной деятельности, позволяющем получить быстрое точное, надежное и эффективное решение задачи.

# Глава 5

# ПРОЕКТЫ ЗДАНИЙ НОВОГО

# ПОКОЛЕНИЯ

## §1. Образцы проектов зданий, выполненных студентами

Вы ознакомились с основами строительного дела, а сейчас посмотрите, что сегодня создают студенты и взрослые строители – их преподаватели, чему учат студентов в строительном ВУЗе.

Студенты не сразу и не всегда вначале с повышенным рвением приходят в творческие рабочие группы, чтобы создавать интересные проекты. Этому обычно предшествует умелая фасцинация их преподавателя, работающего с группой. И главное, – это успехи студентов из творческой группы. Ниже мы знакомим Вас с деятельностью студентов, уже окончивших ВУЗ, работающих в проектных организациях или обучающихся в аспирантуре, продолжающих начатое в студенческие годы творчество Вам не обязательно ждать зачисления в институт, Вас охотно примут в творческие

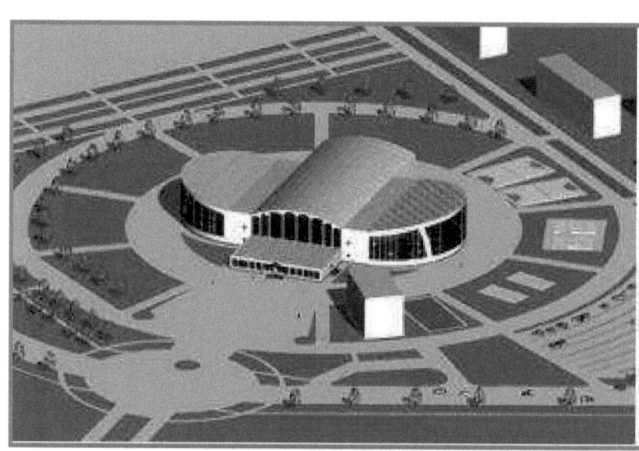

**Рисунок 22 - Здание спортивного комплекса с криволинейным покрытием. Автор проекта Э. Р. Кужахметова**

группы уже сейчас, необходимо лишь следовать правилу: **Коль мы вышли, то покоя нам уже не будет**.

Ниже приведено перспективное здание для практического использования в строительстве, но в нем необходимо выполнить определенные изменения. Может быть даже упростить его. Попробуйте сделать это, а затем мы сравним Ваши предложения с тем, что наметил изменить сам Кардаев – автор проекта.

**Рисунок 23 – Здание управления организации.
Автор проекта – О. Кардаев**

Подобное соревновательное творчество всегда приводило и приводит к успеху в *проектировании, оно* мобилизует силы участников соревнования, поэтому каждый молодой человек – учащийся школы, студент или молодой специалист должны не опасаться соревнований, а наоборот, стремиться к ним. Стремление к соревнованию – стремление к успеху. Начинайте с корректировки этого проекта. А мы Вам поможем - советом и делом. Вперед!

**Рисунок 24 – Жилое здание со служебным
социальными помещениями социального характера.
Автор проекта – И. Морозова**

а)

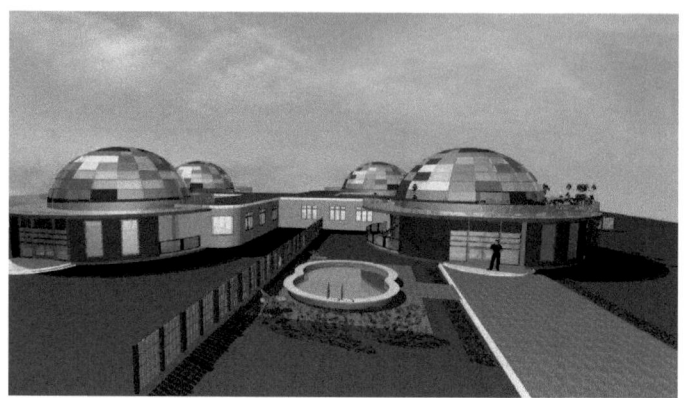

б)

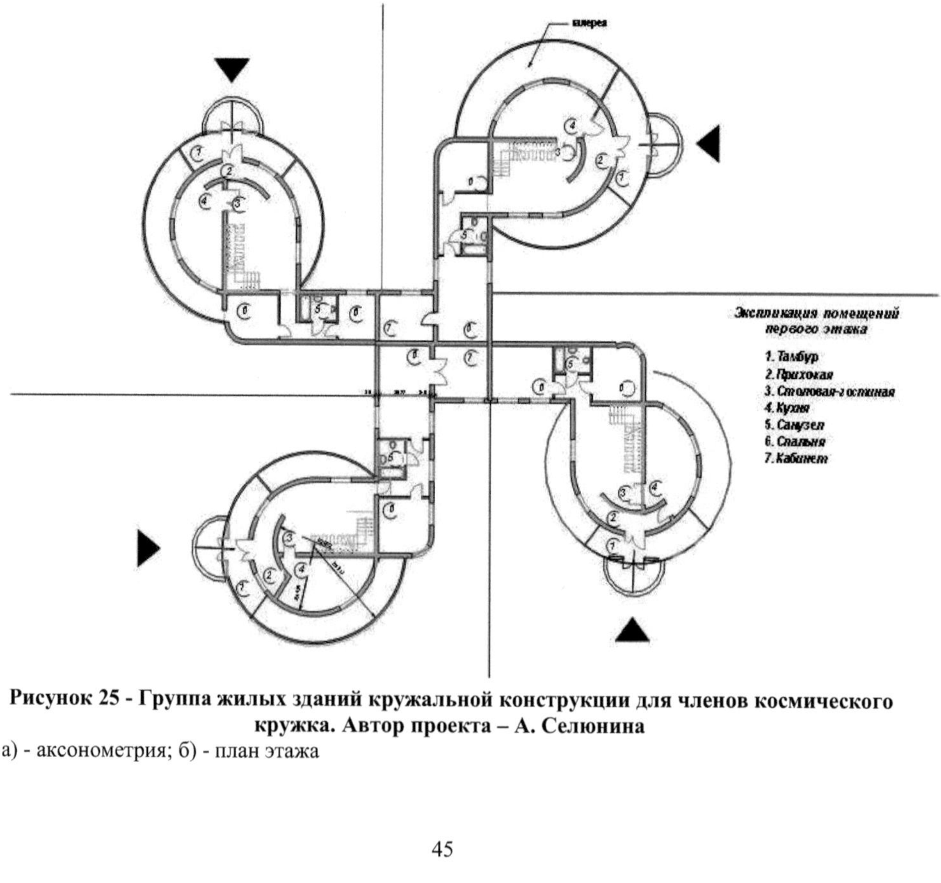
галерея
Экспликация помещений первого этажа
1. Тамбур
2. Прихожая
3. Столовая-гостиная
4. Кухня
5. Санузел
6. Спальня
7. Кабинет

**Рисунок 25 - Группа жилых зданий кружальной конструкции для членов космического кружка. Автор проекта – А. Селюнина**

а) - аксонометрия; б) - план этажа

а)

б)

в)

**Рисунок 26 - Проекты жилых домов (а, б, в) студента Н. Алиева**

Рисунок 27 - Автор проекта О. Жерепа

Рисунок 28 - Проект реконструкции здания АИСИ
студента Н. Федорина

## §2. Планы дальнейшей работы

В нашей работе намечается и постепенно реализуется переход от разработки ярких, выразительных по форме зданий к зданиям с эффективным конструктивным и иным их решением. Речь идет о зданиях:

- сейсмостойкой конструкции;

- устойчивых к карстовому провалу и мульде сдвижения, к прогрессирующему обрушению;

- высокоэкономичных;

- пожаростойких;

- со сквозным проветриванием помещений.

Первые две позиции достигаются путем все более полного учета разрушающих здания факторов и их устранения конструктивными мерами. Третья позиция решается путем все большего введения в здания конструктивных элементов, работающих на сжатие и растяжение полным сечением, укорочением за счет пространственного взаимодействия с другими конструкциями, сжатых конструкций большой длины. Четвертая позиция достигается все более полной заменой материалов конструкций и мебели огнестойкими аналогами. И пятая позиция всегда может быть достигнута путем введения помещений в двух уровнях с исключением коридоров через два этажа.

«Кадры решают все», поэтому, с целью ускорения их подготовки, мы приглашаем желающих принять участие в этой работе в нашу творческую группу.

# Глава 6

# ПРОЕКТЫ ЗДАНИЙ

# ДЛЯ УЧЕБНОГО ПРОЦЕССА

## §1. Проекты, заимствованные из зарубежных источников, используемые в учебном процессе

Рисунок 29 - Главный фасад здания

Рисунок 30 - Вид здания с боку

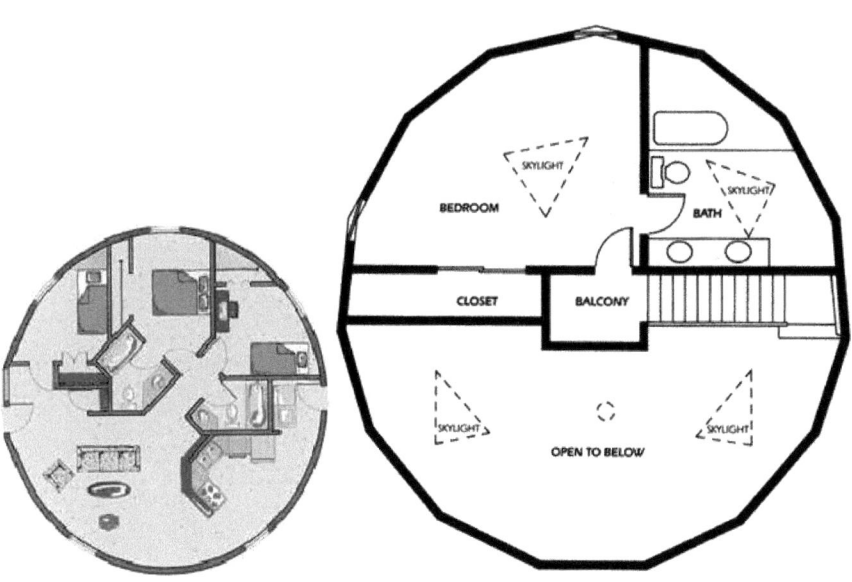

Рисунок 31 - Фасад и планы жилого дома

# §2. Интерьеры

**Рисунок 32 - Гостиная**

**Рисунок 33 - Кухня – столовая**

# §3. Технология возведения зданий

Рисунок 34 - Сборка каркаса

Рисунок 35 - Подготовительные работы к сборке каркаса

# §4. Фрагменты расчетов сейсмостойкости, прочности строительных конструкций, зданий и сооружений

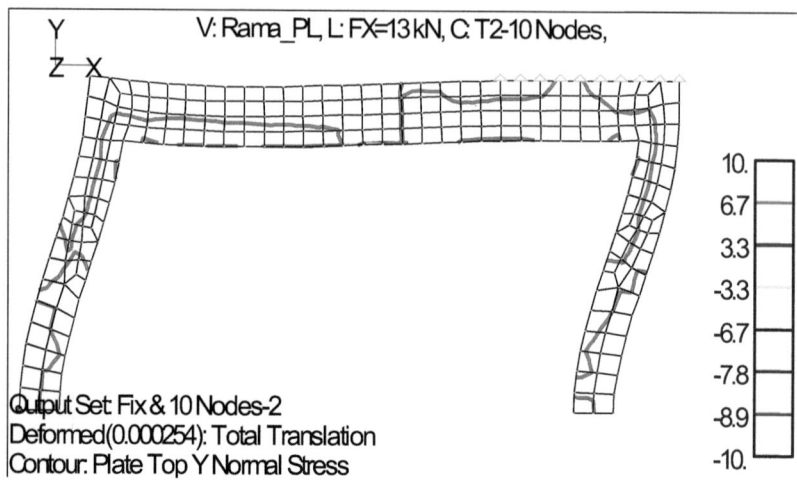

**Рисунок 36 - Рама, у которой в правой части стена препятствует подъему ригеля**

## Микросейсморайонирование

 **а)**

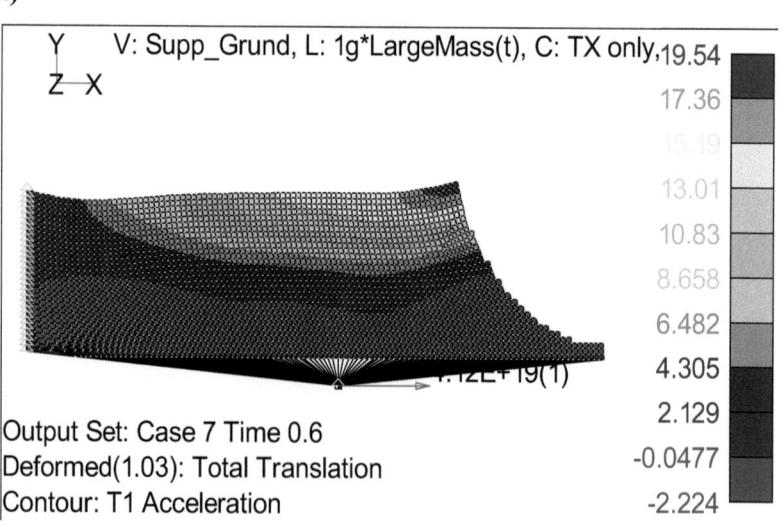

**б)**

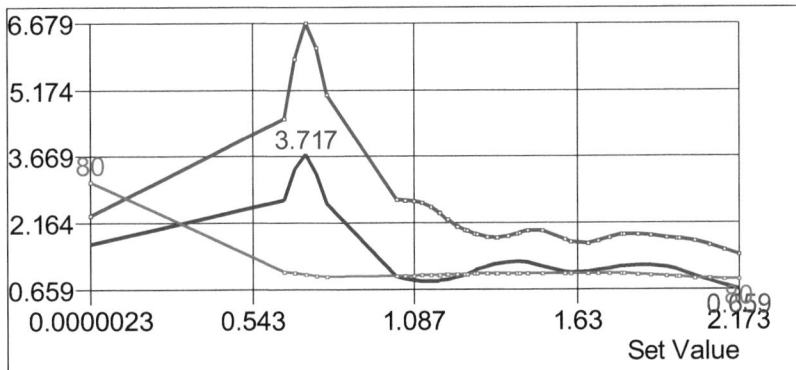

1: T1 Acceleration, Node 1650
2: T1 Acceleration, Node 33
3: T1 Acceleration, Node 80

**Рисунок 37 - Результаты компьютерного микросейсморайонирования прибрежной речной территории**
а) – изолинии ускорений;
б) – графическое изображение;
верхняя кривая – ускорение земли около склона;
средняя - вдали от реки;
нижняя – на дне реки

# Последствия землетрясений

**а)**                                                                 **б)**

**Рисунок 38 - Сахалинские землетрясения**
а) - выпадение заполнения фахверка;
б) - продольная трещина в простенке, вызванная давлением на каменную кладку узких перемычек

**На фото - Аспиранты и сотрудник автора, студент-практикант, изготовившие модель Холмского морского вокзала (о. Сахалин) и испытавшие ее сейсмостойкость (1972 год, изготовление модели)**

«ХОЛМСКИЙ МОРСКОЙ ТОРГОВЫЙ ПОРТ»

Академия жилищно-коммунального хозяйства

Астраханское региональное отделение

профессору Сапожникову А.И.

Уважаемый Адольф Иосифович!

Паромная переправа Ванино-Холмск функционирует тридцать пять лет. Что касается здания морского вокзала, в период сейсмических воздействий никаких отклонений от нормы и разрушений нет. На практике динамические испытания при резонансном режиме воздействия здание выдержало на отлично. Вы не ошиблись, молодцы!

Зам. генерального директора М.В. Минько

На связи, Смирнов.

# Заключение

*Творцу нужны небесные награды,*

*Ему не надо почестей людских*

И все же, вопреки эпиграфу, мы рассчитываем, что учащиеся школ прочтут эту книгу, и она подтолкнет их пойти к нам учиться строительному делу. Тут не до почестей, речь идет о великом рывке в строительстве, что под силу только людям, любящим свою профессию, свою работу, знающим ее.

Привить молодежи эту любовь, любовь, выросшую на ниве ощущения важности и красоты профессии, ее высочайшего значения для людей, для их счастливой жизни, можно только в серьезном разговоре, вскрывая практический, содержательный, научный, человеческий потенциал профессии. Все эти стороны успешно отражены в этой книге, что делает желательным не просто прочесть ее, но и сохранить надолго, что бы перечитывать в процессе более глубокого изучения специальности.

Из книги следует, на примере множества блестящих проектов наших студентов, приведенных в ней, что нам это удалось. Это наш успех, его основа – постоянный поиск приверженцев нового, необычного среди учащихся школ, студентов, молодых специалистов и всех желающих.

**Обращайтесь к нам, мы готовы сотрудничать!**

E-mail: sapozhnikov-37@mail.ru

Тел. раб.: 8 (8512) 25-78-98;

Тел. моб.:8-960-852-17-39.

# Список литературы

*На всю оставшуюся жизнь*
*Нам хватит почестей и славы...*

1. **Вычегжанин Е.В.** Обеспечение ремонтопригодности многоэтажных зданий при карстовых провалах [Журнал] // Известия Жилищно-коммунальной академии. Городское хозяйство и экология. - Астрахань : АНЦ ЖКА, 1998. - №2. -С. 21-26. - В момент написания статьи автор обучался в 11 лицейском классе АИСИ, работая в группе автора книги..
2. **Гвоздецкий Н. А.** КАРСТ (Природа мира) [Книга]. - Москва : "Мысль", 1981. - 214с.
3. **Леггет Р.** Города и геология [Книга] / ред. Минеев Д.А. / перев. Махлин Пер. с англ. В.З.. - Москва : "Мир", 1976. - Т. I : 560с. - 624.131.32/Л 38.
4. **Сапожников А. И.** Здание над карстовым провалом [Учебное пособие]. - Астрахань : АИСИ, 1994.- 7с.
5. **Сапожников А. И.** Конструктивные средства обеспечения сейсмостойкости зданий и сооружений [Учебное пособие]. - Астрахань : АИСИ, 2007.- 7с.
6. **Сапожников А. И.** Обеспечение безаварийной эксплуатации зданий и сооружений при действии землетрясений и ураганов. - Астрахань : АИСИ, 2007.-32с. - Допущено НМС по редакционно-издательской деятельности при министерстве образования и науки Астраханской области, приказ №629 от 25.06.2007.
7. **Сапожников А. И.** Основные аспекты вариантного проетирования зданий и сооружений в районах горных выработок, учитывающего изменчивость во времени мульды сползания [Журнал] // Известия вузов. - Астрахань : АИСИ, 1998. - №1. - С. 93-103.
8. **Сапожников А. И.** Основы конструирования и обеспечения карсто-сейсмоустойчивости многоэтажных зданий // Учебное пособие. - Астрахань : АИСИ, 2001. – 108с.
9. **Сапожников А. И.** Пространственная работа зданий на мульде сползания [Журнал] // Известия вузов. - Астрахань : АИСИ, 1999.- №4. - С. 132-137.
10. **Харт Ф., Хенн В. и Зонтаг X.** Атлас стальных конструкций. Многоэтажные здания [Книга] / перев. Руф Л. В. и Гринева Е. К., - Москва : Стройиздат, 1977.-352с.

# Оглавление

Предисловие ................................................................ 2

Введение ................................................................... 3

Глава 1 ФУНДАМЕНТЫ ........................................................ 5

§1. Что удерживает здание от провала? ................................... 5

§2. Фундамент в виде сплошной плиты ..................................... 5

§3. Ленточный фундамент ................................................. 6

§4. Столбчатые и свайные фундаменты ..................................... 6

Глава 2 ГЕОЛОГИЯ .......................................................... 8

§1. Геология ............................................................ 8

§2. Геологический разрез ................................................ 8

§3. Грунтовые воды, гидрогеология городов .............................. 10

§4. Устройство фундаментов ............................................. 13

§5. Гидроизоляция ...................................................... 17

Глава 3 КОНСТРУКТИВНЫЕ ЧАСТИ ЗДАНИЯ ...................................... 18

§1. Стены зданий ....................................................... 18

§2. Перекрытия зданий .................................................. 21

§3. Крыши зданий ....................................................... 23

Глава 4 ОСНОВНЫЕ КАТЕГОРИИ КАЧЕСТВА ЗДАНИЯ .............................. 24

§1. Расчет прочности конструкций ....................................... 24

§2. Напряжения ......................................................... 25

§3. Деформация. Закон Гука ............................................. 27

§4. Учет воздействия землетрясения ..................................... 30

§5. Учет воздействия ветра ............................................. 32

§6. Просадка основания ................................................. 32

§7. Карстовый провал ................................................................. 33

§8. Мульда сползания (сдвижения) ........................................ 34

§9. Физический и моральный износы здания ........................ 35

§10. Обследования, испытания и паспортизация зданий ........ 35

§11. Рассмотрение примеров аварий зданий, их анализ и определение причин ................................................................................................ 39

Глава 5 ПРОЕКТЫ ЗДАНИЙ НОВОГО ПОКОЛЕНИЯ ................. 43

§1. Образцы проектов зданий, выполненных студентами ........ 43

§2. Планы дальнейшей работы .............................................. 48

Глава 6 ПРОЕКТЫ ЗДАНИЙ ДЛЯ УЧЕБНОГО ПРОЦЕССА ............ 49

§1. Проекты, заимствованные из зарубежных источников, используемые в учебном процессе ............................................................................ 49

§2. Интерьеры ....................................................................... 51

§3. Технология возведения зданий ........................................ 52

§4. Фрагменты расчетов сейсмостойкости, прочности строительных конструкций, зданий и сооружений ................................................ 53

Заключение ................................................................................ 56

Список литературы .................................................................... 57

Printed by Books on Demand GmbH, Norderstedt / Germany